Newton ニュートン

食べもの大百科

もくじ

牛乳

みなさんへ

ようこそ、「食べものワールド」へ！

私たちは日々、勉強や読書、インターネット、家族や友達との会話などから、さまざまな知識を得ています。

たとえば「酸化とは、物質に酸素が結びつく化学反応のこと」という科学の知識は、覚えておけばどこかで役に立つかもしれません。

しかし、同じ知識でもちがう方向から見ると、

- 金属のさびには、酸化がかかわっている
- 鉄のさびには、赤さびや黒さびがある
- フライパンや中華なべが黒いのは、黒さびの色（黒皮鉄ともよばれる）

などといったように、より身近で、立体的な世界があらわれます。

この本では、「食べもの」に関するクイズを集めました。問題を解き進めるなかで、みなさんもぜひ、そのおもしろさを感じてください。

では、6ページに…

レッツゴー！

ビックリ食べもの

ステージ1は、食べものに関する「ビックリ！」なクイズにちょうせんだ。みんなの知っているあの食べものも、実は…！

★理系脳ぐんぐんメーター★

正解が7問以上…天才！

5〜6問…ふつうの人

4問以下…がんばりましょうマン

★★★★　★★★★

パンは大せんぱい

大昔に外国で誕生した「パン」は、室町時代に、ある武器とともに日本に伝わったとされています。その武器とは、いったい何でしょう？

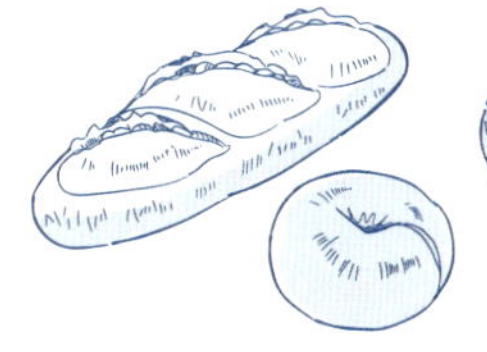
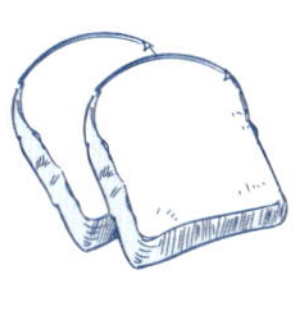

イラストは現代のパン

ヒント：パーンっ！

←答えは次のページ！

鉄砲

現在のようなパン（発酵パン）が生まれたのは、今から約6000年前の古代エジプトです。発酵パンの〝祖先〟である、小麦粉をこねて焼いただけのパン（無発酵パン）にいたっては、約8000年前の古代メソポタミア※とされています。

その後パンはヨーロッパの国々で広まり、今から約500年前の1543年に、船で種子島（現在の鹿児島県）に流れついたポルトガル人によって、鉄砲とともに日本に伝えられたとされています。

※現在のイラクあたり。

★★★★

★★★★

どこかにあったコーヒー豆

下の写真は、東南アジアなどに生息する「マレージャコウネコ」です。マレージャコウネコは、ある飲みものと深く関係しています。次のうちどれでしょう？

「パームシベット」ともよばれる。

①緑茶

②ココア

③コーヒー

ヒント：多くの人は、夏にも冬にも飲む…

←答えは次のページ！

③コーヒー

マレージャコウネコは、くだものが大好物です。とくに、よく熟したコーヒーの実を好んで食べます。
果肉は体内で分解されますが、果肉以外の部分は、うんちと一緒にそのまま出てきます。これを集めて洗い、取りだした中身をかんそうさせたのが「コピ・ルアク」とよばれるコーヒー豆です。
コピ・ルアクは、〝ふつうのコーヒー〟より風味がまろやかで、酸味があり、後味がすっきりとしていますす。多くの量を得られないので、高級品とされています。

おかしクイズ①

次のおかしのうち、ひとつだけことなる原料でつくられているものがあります。それはどれでしょう？

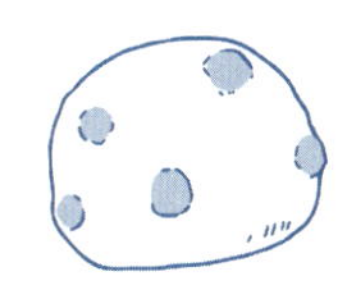

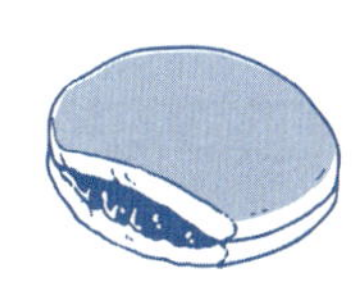

だんご　　大福（もちの部分）　　どらやき（皮）

ヒント：クッキーや、ケーキのスポンジと同じもので…

←答えは次のページ！

どらやき（皮）

　だんごと、大福のもちの部分は主に「米」から、どらやきの皮は、主に「小麦」からつくられます。

　米からつくられるおかしには、白玉、桜もち（関西風）、ういろうなどがあります。

　ういろうとは、米を粉にした「米粉」を蒸してつくられる和菓子で※、名古屋（愛知県）や小田原（神奈川県）などの名物として知られます。

　一方、小麦からつくられるおかしには、どらやきやクレープの皮、クッキー、サーターアンダギーなどがあります。

　サーターアンダギーは、小麦粉、卵、砂糖などをまぜて油であげた、沖縄県に古くからあるおかしです。

白玉

桜もち（関西風）

ういろう

サーターアンダギー

※わらび粉や小麦粉を使う場合もある。

おかしクイズ②

①〜③のなかで、ひとつだけ「うるち米」を主な原料としたものがあります。いったいどれでしょう？

①せんべい

②もち

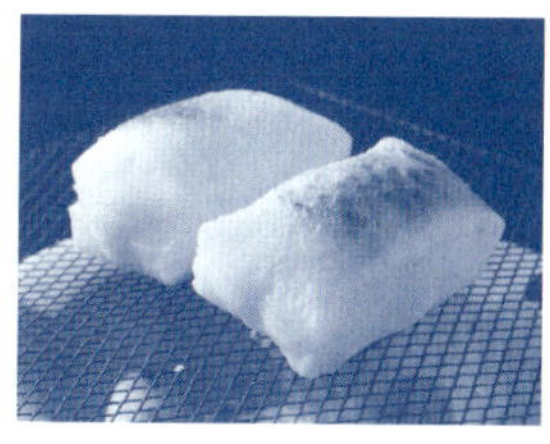

③おかき・あられ（写真はおかき）

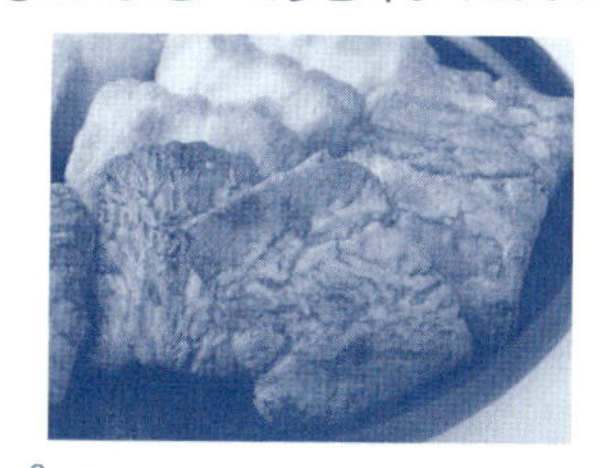

ヒント：うるち米とは、みんながふだん食べる米のこと…

←答えは次のページ！

①せんべい

米は、「うるち米」と「もち米」に大きく分けられます。

うるち米とは、私たちがふだん食べている米のことで、せんべいなどの原料に使われます。これに対しもち米は、強いねばりをもつ米で、もち、おかき・あられなどの原料になります。

ちなみに、うるち米を粉にした「上新粉」という米粉からは、ういろうなどが、もち米を粉にした「もち粉」や「白玉粉」、「道明寺粉」からは、大福(もちの部分)や白玉、桜もち(関西風)などがつくられます。

せんべい…いや おかきさん だっけ?
同じクラスになって半年もたつんだから そろそろ顔と名前覚えてよ
私はおかき!

きなこどこのこ

もちなどにかけて食べる「きな粉」は、畑で育てられる、あるものからつくられます。いったい何でしょう？

きな粉のかかったもち

ヒント：“畑の肉”と、よばれることがある！

←答えは次のページ！

ダイズ

きな粉は、ダイズを煎って、粉にしたものです。ダイズを使った食べものは、身のまわりにたくさんあります。たとえば、みそやしょうゆ、とうふ、納豆、油あげなどがそうです。

　ちなみに、ダイズは、くきや種子（さや）がかんそうし、黄色くなってからしゅうかくしますが、緑色のうちにしゅうかくしたものは「エダマメ」とよばれます。

　そして、ダイズを水にひたして成長させ、そこからのびた芽が「モヤシ」です。

実は…ぼくらきょうだいなんだ♪
エダマメ
モヤシ
ダイズ
きな粉

オレンジ色のアレ

サリナさんは、正月にかざる「鏡もち」の準備をしています。

仕上げに、次のどれかをもちの上にのせたら完成です。
最も適しているのは、どれでしょう？

ユズ　カボス　ミカン　ダイダイ

←答えは次のページ！

ダイダイ

鏡もちの上にミカンをのせる家も多いと思いますが、本来は、ミカンの仲間である「ダイダイ」（橙）をかざります。これは、ダイダイが〝代々〟とも書けることから、子孫が代々栄えるようすを連想させる、縁起のよいものとされているためです。

ダイダイの実は熟しても木から落ちにくいため、できたばかりの実と、数年前からある実（＝代々の実）が並ぶことがあります。

ちなみに、もちの下にかざられる葉は「ウラジロ」（裏白）というシダ植物です。ウラジロは、古い葉が落ちずに新しい芽が出てくることから、長生きのしょうちょうとされています。

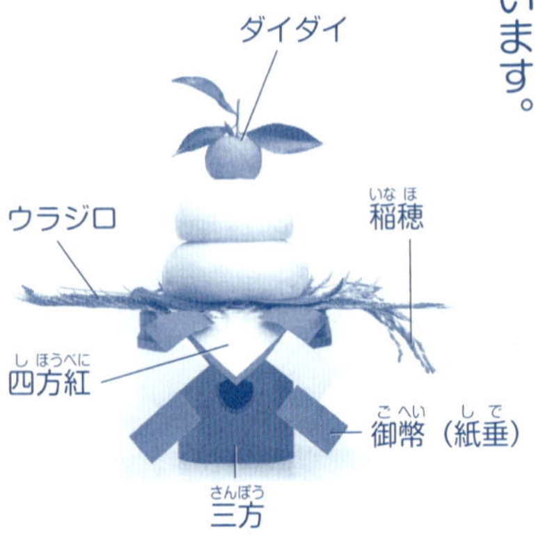

ダイダイ
ウラジロ
稲穂
四方紅
御幣（紙垂）
三方

おせち料理の意味

※年神様の見た目はイメージです。

おせち料理に入っているものだって一つひとつに願いや意味がこめられているのよ
たとえばこれ
黒豆？
まめに暮らせる…
つまり「健康に過ごしたりはたらいたりできますように」ってことね
エビは何だと思う？
エービー…AとBだから「英語ができますように」とか??
A
B
ちょっと考えすぎね
ひげが長くて腰が曲がったようすから長生きを願っているのよ

※参考：農林水産省のウェブサイトなど

ちなみに
私たちの
大好きな
サケも
えんぎのよい
魚のひとつと
されているのよ
・出世を願う（川から海に出て、
また川にもどってくるため）
・わざわいを“サケ”る
そうだった
んだ！
ボク
正月が
すごく楽しみに
なってきた♪
うーん…
残念だけど
私たちは
秋の終わり
ごろから
春が来るまで
冬眠よ
そんなぁ!!!

★★★★　★★★★

サカナドレカナ①

下に、「すしのネタの名前」と「切り身」が並んでいます。それぞれを組み合わせた場合、最後に余るのは、どれでしょう？

◆すしのネタの名前◆

サーモン　ヒラメ　ブリ・ハマチ　えんがわ

◆切り身◆

①
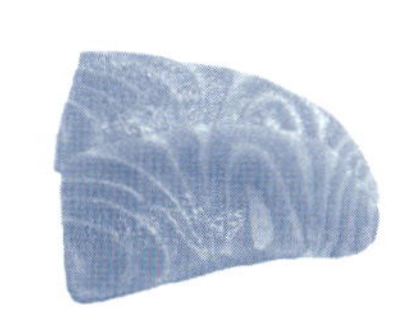

②
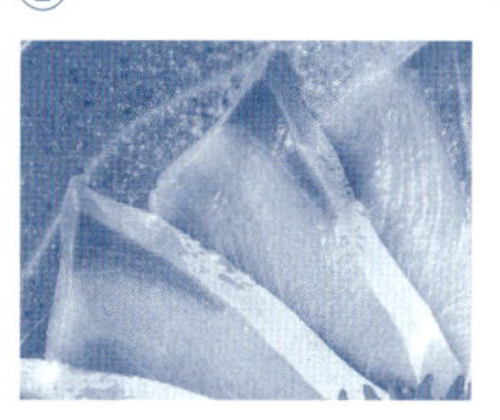

③

ヒント：好きなものは、すぐわかるかな？

←答えは次のページ！

えんがわ

①はサーモンです。しま模様はあぶら（脂）で、〝おいしさのもと〟となる成分が入っています。

②はブリ・ハマチで、「血合い」とよばれる赤黒いかたまり※があるのが特徴です。血合いは、カツオやマグロなどにも見られます。

③はヒラメです。「えんがわ」は魚の名前ではなく、ヒラメやカレイのひれのつけ根にある、ひれを動かす筋肉です。

ひれ
えんがわ
ひれ

土曜日なのに早起きしたからサーモンをごちそうしよう
これが本当の〝早起きはサーモンの得〟
三文ね…

※背中側の身と、お腹側の身の間にある筋肉。血管が多く集まっている。

★★★★ ★★★★

サカナドレカナ②

写真の魚は「スケトウダラ」です。下に並んだ食べもののなかで、スケトウダラに最も関係があるのは、どれでしょう?

スケトウダラ

明太子　いくら　キャビア

ヒント:食べたことがある人も多いのでは…?

←答えは次のページ!

明太子

スケトウダラの卵を塩づけにしたものを「たらこ」といいます。この、たらこを、唐辛子などが入ったたれ（調味液）を使って加工したものが「明太子」です。

すしのネタとしても知られる「いくら」は、サケやマスの卵の塩づけです。

「キャビア」は、チョウザメという魚の卵を塩づけにしたもので、品質が高く希少なものは、高級食材としてあつかわれます。

なお、スケトウダラの身はエソやグチなどの魚とともに「ちくわ」や「かまぼこ」の原料にもなっています※。

スーパーではほぼ見かけない魚ばっかりだね
CAVIAR
チョウザメとキャビア
エソ
グチ

※ほかにも、さまざまな魚が使われる。

ヤサイドレカナ

下の写真は「ユウガオ」という野菜です。ユウガオは、すし屋で見ることがある、ある食べものの原料になっています。いったい何でしょう？

←答えは次のページ！

かんぴょう（かんぴょう巻き）

かんぴょうは、ユウガオという野菜からつくられます。

まず、大工が使う「かんな」のような器具を使って、ユウガオを帯のような形にむきます。そして、太陽光の当たる場所などで2～3日干し、水分がぬけたら完成です。

すし屋では、これを塩でもみ、水につけてもどして、ゆでた後、しょうゆや砂糖、みりんなどと一緒に煮て味をつけます。こうしてようやく、私たちがよく知る「かんぴょう」（かんぴょう巻き）になります。

冬生まれ・春生まれ

マオさんは、キャベツを使った料理をつくりたいと考えています。すると、お父さんが「ロールキャベツなら、秋か冬につくったほうがいいぞ」と言いました。

これは、「❶秋から冬にしゅうかくされるキャベツ」と「❷春から初夏にしゅうかくされるキャベツ」に、ちがいがあるためです。そのちがいとは、次のうちどれでしょう？

◆❶のほうが…◆

①みずみずしいから
②火が通りやすいから
③葉が厚くしっかりしていて、煮くずれしにくいから

ヒント：ロールキャベツって、どんな料理だっけ？

←答えは次のページ！

③葉が厚くしっかりしていて、煮くずれしにくいから

夏に種をまき、秋から冬にしゅうかくされるキャベツは「冬キャベツ」とよばれます。冬キャベツは、主に愛知県や千葉県でさいばいされています。葉が厚くしっかりしている、加熱するとあまみが増すなどの特徴があるため、煮こむ料理（ロールキャベツやスープなど）や、いためる料理（ホイコーローなど）に適しています。

これに対し、秋に種をまき、春から初夏にしゅうかくされるキャベツは「春キャベツ」「新キャベツ」とよばれます。主なさいばい地は、千葉県や神奈川県です。みずみずしく、葉がやわらかいので、生で食べるサラダなどに向いています。

◆冬キャベツ（上）と春キャベツ（下）の断面のちがい

★★★★　★★★★

かくれた共通点

下に並んだ食べものはすべて、ある共通する原料からつくられています。いったい何でしょう？

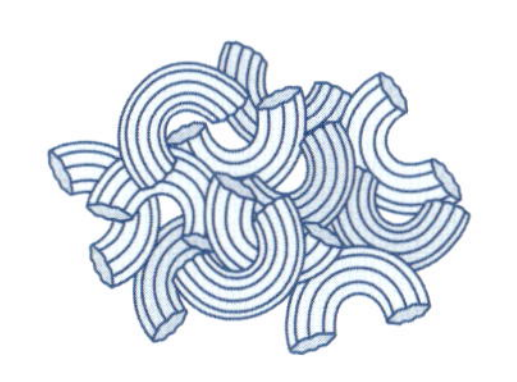
マカロニ

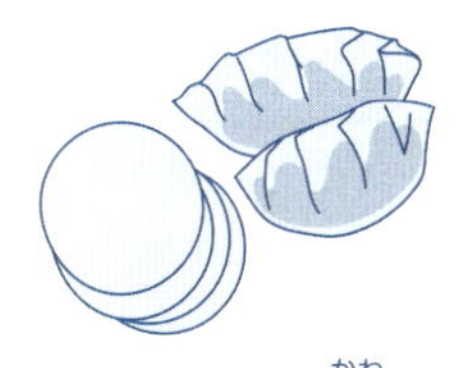
ぎょうざの皮

中華まんの皮

中華めん

ヒント：日本では北海道で、多くさいばいされている…

←答えは次のページ！

小麦

米と同じように、小麦も大きく2つに分けられます。

ひとつは「デュラム小麦」です。デュラム小麦を粉にしたもの（小麦粉）は、マカロニやスパゲッティなどの原料になります。

もうひとつが「普通小麦」（パン小麦）です。

普通小麦の小麦粉は、3種類あります。パンや中華まんの皮、中華めんなどの原料となるのが「強力粉」です。強力粉は、ふわふわした食感や、もちもちした食感のもととなる「グルテン」という物質を、多くふくみます。

ケーキ、たこ焼きやお好み焼きなどの原料になるのが「薄力粉」で、グルテンは少ししかふくまれません※。

強力粉と薄力粉の間に位置するのが「中力粉」で、主にうどんの原料になります。

※ぎょうざの皮は、強力粉と薄力粉をまぜてつくられる。

★★★★    ★★★★

卵のしごと

ハンバーグは、主に次の具材からつくられます。

このうち「卵」は、味や食感をよくすることに加え、ある役割をになっています。それは何でしょう？

①肉のくさみを消す

②タマネギをやわらかくする

③具材をまとまりやすくする

ヒント：ありがたい存在…

←答えは次のページ！

③具材をまとまりやすくする

ハンバーグに卵を入れると、具材（主に肉）がまとまりやすくなります。このような役割をもつ具材を「つなぎ」といいます。つなぎは、ハンバーグ以外の料理でも使われることがあります※。

卵にはほかにも、ふっくらとした食感をあたえる、まろやかさやこくを出すなどの役割があります。

また、パン粉には、肉やタマネギのうまみ（あぶらや水分など）を吸って留めるはたらきや、ふくらんで、ハンバーグに厚みをだすはたらきがあります。

※卵以外のものが、つなぎとして使われる場合もある。

★★★★　★★★★

トリュフを探しだせ！

下の写真は、高級食材として知られる「トリュフ」というキノコです。トリュフは、ある動物の力を借りて探しだします。その動物とは、いったい何でしょう？

ヒント：トリュフは、地面の下にかくれている…

←答えは次のページ！

イヌやブタ

キノコの一種であるトリュフは、ブナ科の木（ナラやカシなど）の根の先にできます。そのため、地上からは見つけられません。

一方で、トリュフは独特の香りをもちます。これが、この食材のみりょくとなっているのですが、この香りをかぎ当てるのが、人間よりすぐれた嗅覚をもつ「イヌ」や「ブタ」です。

かつてはブタ（メスのブタ※）が活やくしていましたが、ブタは探しだしたトリュフを食べてしまうことがあるため、最近ではイヌが活やくしています。

※トリュフのにおいが、オスのブタが出す「フェロモン」という物質のにおいに似ているため。

クエスチョン

14

Question

★★★★　★★★★

○○のありかを教えてくれる鳥

下の写真の鳥は、私たちになじみのある食べものになる、「あるもの」のありかを人間に教えてくれます。あるものとは、いったい何でしょう？

ヒント：主に山間部にあるけれど、みんなも一度は見たことがあるはず（こわいけど）…

←答えは次のページ！

ミツバチの巣

前ページの写真は、「ノドグロミツオシエ」という鳥です。〝ミツオシエ〟という名前のとおり、ハチミツ、つまりミツバチの巣のある場所を人間に教えてくれます。鳴きながら木から木へと飛び移り、人間を巣へと、ゆうどうするのです。

なぜ、このようなことをするのでしょうか。ノドグロミツオシエは、ハチミツを食べたいのですが、ハチにおそわれたくありません。そこで、人間に「巣」の場所を教えて、ハチミツを取りだしてもらうことで、そのおこぼれをもらうのです。「自分でできないなら人間にたのむ」なんて、かしこい鳥ですね。

なお、ノドグロミツオシエは、人間ではなく「ラーテル」（ミツアナグマ）という動物にたのむ場合もあります。

ラーテル

★★★★

★★★★

宇宙食

宇宙飛行士たちが、宇宙に滞在しているときに食べる「宇宙食」は、さまざまな技術を使ってつくられています。

その技術のひとつに「フリーズドライ」があります。フリーズドライとは、どんな技術でしょう？

ヒント：フリーズは「こおらせる」、ドライは…

←答えは次のページ！

食品をこおらせたうえでかんそうさせ、保存がきくようにする技術

食品をマイナス30〜40℃ほどでこおらせて、食品にふくまれる水分を氷に変化させてから「真空凍結乾燥機」という機械に入れると、水分(氷)は水蒸気となって食品からぬけだします。これにより、食品は長期間保存がきくようになります。このような技術を「フリーズドライ」といいます。食べるときは、一定量の水やお湯を注いでもどします。

フリーズドライ食品は、水分がぬけた分だけ重量が軽く(体積が小さく)なります。これは、ロケットにのせる場合に大きなメリットとなるため、宇宙食の一部に取り入れられています。

なお、ふつうのお店でも、みそ汁やドライフルーツなど、さまざまなフリーズドライ食品が売られています。

◆フリーズドライ食品の例(みそ汁)

忍者の食事

日本では、南北朝時代から江戸時代（14〜17世紀ごろ）まで「忍者」が活やくしていました。

忍者は敵のいる国に忍びこみ、そのようすを調べ、自身の主に伝える役割をになっていましたが、そのような活動を行う場合は〝特別な食事〟をとっていたようです。

たとえば『甲州流忍法伝書老談集』という忍術書には、「兵糧丸」という食べもののつくり方がのっています。

兵糧丸は、エネルギー源としたり、栄養素を得たり（健康を保ったり）するための保存食です。持ち運びがしやすいように、だんごのような形をしています。

材料は、もち米、うるち米、蓮肉※（ハスの種）、山薬※（ナガイモ）、桂心※（シナモンという木の皮）、ヨクイニン※（ハトムギの種）、ニンジン※（高麗人参）、氷砂糖で、これを数つぶ口にするだけで、ふつうの食事をしなくてもうえないとされています。

ほかの忍術書には、のどのかわきを和らげる「水渇丸」や、うえをしのぐ「飢渇丸」がのっているので、興味のある人は、ぜひ調べてみてください。

※漢方薬の原料（生薬）としても使われる。

参考：久松 眞（2018）「忍者の携帯食」日本調理科学学会誌 Vol.51、No3、p190-192、日本忍者協議会ウェブサイト、伊賀流忍者観光推進協議会ウェブサイト、伊賀市／デジタルミュージアム「秘蔵の国 伊賀」など

食べものの科学

「食べもの」と「科学」って、まったく関係がないように思えるけれど、深〜いつながりがあるらしい…！

★理系脳ぐんぐんメーター★

正解が7問以上…天才！

5〜6問…ふつうの人

4問以下…がんばりましょうマン

タマネギから姫を守れ！

今、お城で食事の準備が進められています。料理が好きな姫は「タマネギを切るのを手伝いたい」と考えていますが、王様から「人前で決してなみだを見せてはいけない」と、きつく言われています。

メガネ

水中メガネ（シュノーケル用）

ヘッドフォン

上の３つのうちどれを使えば、姫はなみだが出るのを防げるでしょう？

ヒント：体の、ある部分をおおいたい…

←答えは次のページ！

水中メガネ（シュノーケル用）

タマネギを切ると、タマネギの組織がこわれて、中からガスとなって「なみだをさそう成分」が出てきます。これが空気中に広がると、私たちの目や鼻がしげきされ、なみだが出てきます。

ですから、シュノーケル用の水中メガネのように、目と鼻をおおえるものを使えば、なみだを防ぐことができます。

メガネやヘッドフォンでは、目や鼻をぴったりとおおうことができないため、効果は期待できないでしょう。

※タマネギの温度が低いほうが、「なみだをさそう成分」が空気中に広がりにくくなるため。

スイカたたき隊

スイカを手で軽くたたいたとき、返ってくる音が高いか低いかで、中のようすが判断できます。

たとえば「低い音」がする場合、スイカの中身はどのようになっているでしょう？

ヒント：「つまっている」か、それとも「すき間がある」か…

←答えは次のページ！

すき間がある

スイカを手で軽くたたいたときに「低い音」がする場合、中に空洞（すき間）ができている可能性があります。低い音がするのは、スイカの中で音が伝わるのを、すき間がじゃまするためです。

反対に、実がつまっている場合は、音はじゃまされることなく伝わるため、たたくと「高い音」がします。

さて、地球で巨大な地震がおこると、地球全体にしんどうが伝わります。このしんどうをとらえて、ぶんせきすることで、目に見えない地球の内部を調べるという研究手法があります。むずかしそうに聞こえますが、スイカをたたいて中のようすを判断するのと、原理は同じです。

★★★★  ★★★★

種なしブドウのつくり方

ブドウには、「種のないもの」と「種のあるもの」があります。種のないブドウは、ある方法でつくりだされます。その方法とは、次のうちどれでしょう？

①種のできない品種を育てる
②電気でショックをあたえる
③「ジベレリン」という物質で、種が育たないようにする

ヒント：科学的な…

←答えは次のページ！

③「ジベレリン」という物質で、種が育たないようにする

植物の“体内”では、植物の“体”のさまざまなはたらきを調節する「ホルモン」（植物ホルモン）という化学物質が、つくられたり、放出されたりしています。

「ジベレリン」は、植物ホルモンのひとつです。花がさいたブドウのふさをジベレリンにつけると、子房の成長がうながされて、受粉しなくても実をつけるようになります※。これにより、種のないブドウができます。

なお、ジベレリンはブドウ以外にも、実ったミカンを木から落ちにくくしたり、イチゴの成長をうながしたりするためなどに、役立てられています。

◆ブドウ畑

※ふつうは受粉、つまり「めしべ」に「おしべ」の花粉がつくことで子房が成長し、実をつける。

ちまきまききまき

下のイラストは、「ちまき」という食べものです。

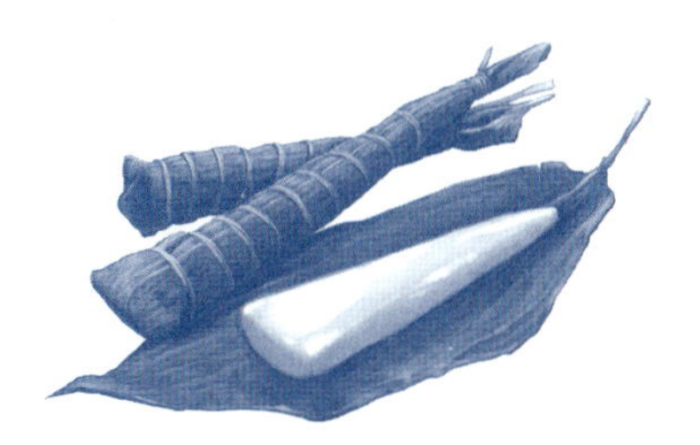

ちまきは、ある植物の葉に包まれています。何という植物でしょう？

←答えは次のページ！

ササ（クマザサ）

ちまきは、もち米をササの葉で包んで、蒸しあげた食べものです（昔は、ササではなく「チガヤ」という植物の葉で包んだため、ち・まきとよばれる）。

さまざまな植物があるのに、なぜササを使うのでしょうか。それはササの葉が、食べものを殺菌したり、食べものがくさるのを防いだりする効果をもつためです。

ササを使った食べものには、新潟県の名産品である「笹だんご」や、北信越地方に伝わる「笹ずし」などがあります。

長持ちするかんづめ

食べものを長期間保存する方法のひとつに「かんづめ」があります。かんづめは、ある人物がきっかけで誕生したといわれています。いったい、だれでしょう？

①西郷隆盛

②ナポレオン

③マガリャンイス（マゼラン）

←答えは次のページ！

②ナポレオン

冷蔵庫がない時代、人々は食べものを塩づけにしたり、干したりして保存していました。しかし、味はいまいちで、とれる栄養にもかたよりがありました。

一方で、18世紀後半から19世紀前半に活やくしたフランスの皇帝ナポレオン・ボナパルトは、戦で遠征するとき、兵士に〝おいしいもの〟を食べさせ、兵士のやる気を高めたいと考えていました。そのアイデアを国民につのったところ、ニコラ・アペールという人物が提案したのが「びんづめ」です。

びんづめは、まず、びんに食べものをつめます。これをお湯の中で加熱すると、食べものについた「食べものがくさる原因となる微生物」が死にます。こうして、びんを密封すれば、食べものが長持ちするというわけです。

その後、びんが金属にかわり「かんづめ」が誕生しました。

★★★★
クエスチョン
21
Question
★★★★

昔の冷蔵庫

現在のような「電気で動く冷蔵庫」は、約100年前にはじめて発売されました。それ以前は、「電気を使わない冷蔵庫」が使用されていたのですが、その冷蔵庫は、どのように食べものを冷やしていたでしょう？

ヒント：シンプルに考えよう！

←答えは次のページ！

大きな氷を入れて冷やした

人々は大昔から、冬の間に降り積もった雪や、一年中すずしい洞くつなどを利用して食べものを保存していました。19世紀（明治時代後半）になると、人工的に氷をつくる技術が誕生したことで、「氷冷蔵庫」や「氷箱」などとよばれる、氷で冷やす冷蔵庫が使われるようになりました。

現在のような「電気冷蔵庫」が発売されたのは、20世紀に入ってからです。日本では1930年代に電気冷蔵庫が発売されましたが、非常に高価だったため、すぐには広がりませんでした。一般家庭に普及したのは、1960年代（昭和30～40年代）に入ってからです。

◆氷冷蔵庫

上に氷を置くと、下（食べものを置く場所）に冷気が伝わる。

※参考：株式会社東芝、三菱電機株式会社のウェブサイト

冷凍に向かないもの

多くの食べものは、冷凍することで長期間保存することができます。しかし冷凍することで、味や食感が大きく損なわれるものもあります。次のうち、冷凍に適さない食べものはどれでしょう？

←答えは次のページ！

ナシ　ジャガイモ

家庭用冷蔵庫の冷凍室で食べものをこおらせると、食べものにふくまれる水のつぶが、ゆっくりと氷に変化します。氷はしだいに大きくなり、食べものの細胞をこわします。これにより、解凍したときに水分やうまみが流れでたり、食感が損なわれたりします。

このようなことがおこりやすいのが、ナシやジャガイモなど、水分を多くふくむ食べものです。

なお、フリーズドライ食品をつくるときのように低温※で一気にこおらせると、氷のつぶは成長せず、味や食感はほとんど変化しません。

◆家庭用冷蔵庫での冷凍

①こおる前の細胞

水のつぶ

②まわりから徐々にこおり、氷のつぶが大きくなる。

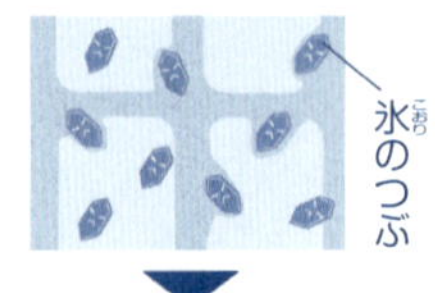

③細胞壁がこわされ、水分やうまみが流れでる。

※マイナス30〜40℃ほど（→40ページ）。家庭用冷蔵庫の冷凍室は、マイナス18℃ほど。

★★★★ ★★★★

カラメルソースのつくり方

プリンの上にかかっている、茶色い液体を「カラメルソース」といいます。カラメルソースは、水と何を煮つめてつくられるでしょう？

①砂糖

②ハチミツ

③キャラメル

←答えは次のページ！

①砂糖

カラメルソースは、砂糖と水をなべで煮つめてつくります。このとき、加熱する温度が重要です。温度によって、できあがるものがかわるためです。

カラメルソースは、165〜180℃で加熱するとできます。少し高い190℃で加熱すれば、コーラやソースなどの色づけに使われる「カラメル」になります。

反対に、少し低い165℃で加熱すると「べっこうあめ」になり、さらに低い103〜105℃で加熱すると「シロップ」になります。

※参考：精糖工業会ウェブサイト
(https://seitokogyokai.com/science/changes/)

アイスと塩

アイスクリームを家で手づくりするとき、下のような工程があります。

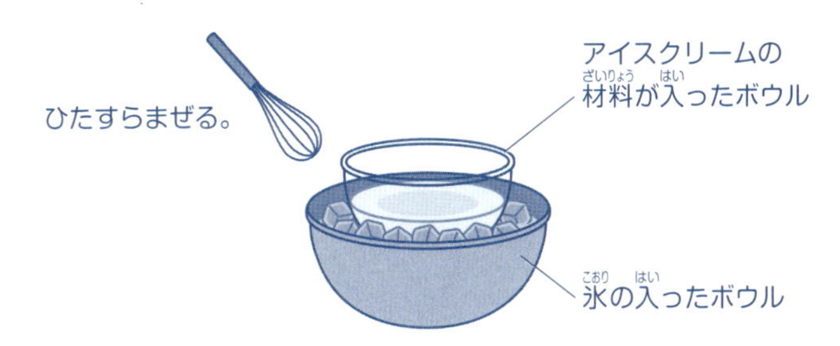

このとき、氷に塩をふるのですが、なぜそのようなことをするのでしょう？

ヒント：こうしないと、アイスクリームにならない…

←答えは次のページ！

温度を下げるため

氷は0℃になるととけはじめますが、このとき、まわりから熱をうばいます…①。

また、塩が水にとけるときも、まわりから熱をうばいます…②。

氷に塩をふると、①と②が一緒におきて※、氷(氷水)の温度が0℃以下になります。たとえば、100グラムの氷に対して約36グラムの塩を使うと、マイナス20℃ほど(家庭用冷蔵庫の冷凍室と同じくらい)にまで下がります。

これにより、材料の入ったボウルはキンキンに冷やされます。この状態でかきまぜることで、しだいに材料が固まり、アイスクリームができあがります。

※氷に塩をふると、氷のとける速さが増し、①がきゅうげきにおこる。
②は、氷がとけてできた水に、塩がとけることでおこる。

手づくりマヨネーズ

マヨネーズは、①卵（卵黄）、②酢、③植物油、そして塩をまぜることで、手づくりすることができます。
①～③を次の文章にあてはめたとき、どのような順番になるでしょう？

［　　］と［　　］は、［　　］のおかげでまざりあう。

ヒント：ことわざにもある…

←答えは次のページ！

②③①（もしくは③②①）

※酢と植物油は、卵（卵黄）のおかげでまざりあう。

「水と油」ということわざがあるように、酢（水分）と植物油は本来まざりあいません。なぜ〝ひとつ〟になるのでしょうか。

そのかぎをにぎるのが、卵（卵黄）です。卵黄にふくまれる「レシチン」という物質が、ふたつを結びつけるはたらきをしているのです。このような、本来まざりあわないものが、均一にまざりあう現象を「乳化」といいます。

みなさんも、ぜひマヨネーズづくりにちょうせんし、乳化のようすを観察してみてください。

魚に塩をふるわけ

今日も魚がうまいなー
どうした？食べないの？
ダイエット中なんだ
ふーん
よしっ！残りは焼いて食おっと♪
…そういえば
魚を焼くとき塩をふるじゃん？
あれってなんでだろう？
あー それは…

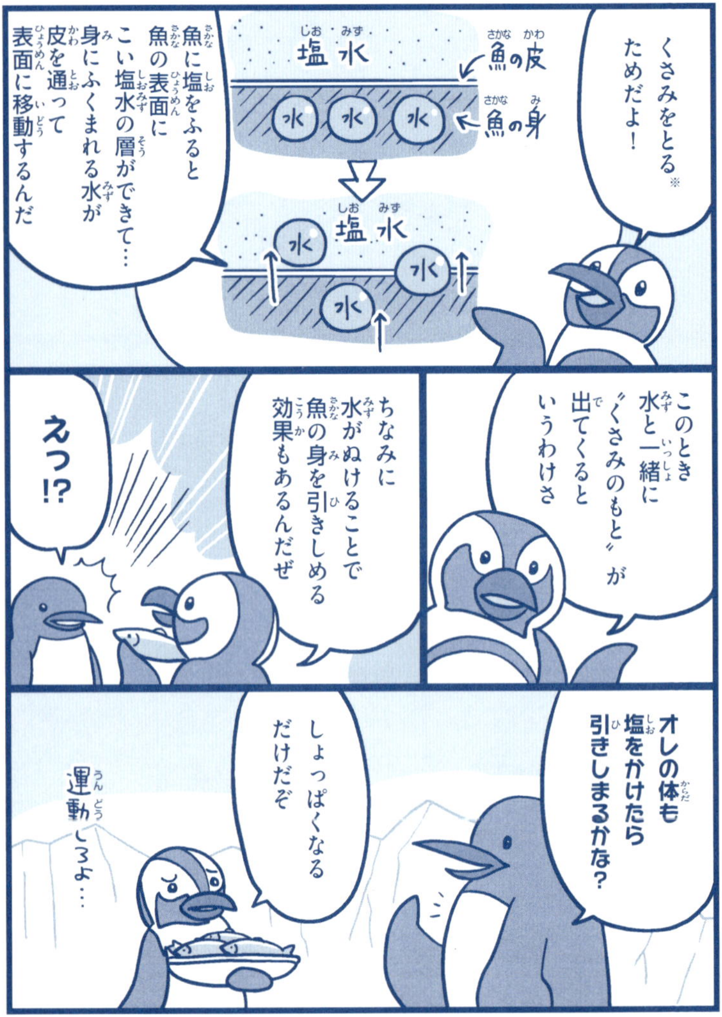

くさみをとる※
ためだよ！

塩水
魚の皮
魚の身
水
水
水
塩水
水
水
水

魚に塩をふると
魚の表面に
こい塩水の層ができて…
身にふくまれる水が
皮を通って
表面に移動するんだ

※塩味をつける意味もある。

このとき
水と一緒に
〝くさみのもと〟が
出てくると
いうわけさ

ちなみに
水がぬけることで
魚の身を引きしめる
効果もあるんだぜ

えっ!?

オレの体も
塩をかけたら
引きしまるかな？

しょっぱくなる
だけだぞ

運動しろよ…

○○に包まれた納豆

納豆は、「納豆菌」という細菌のはたらきによって、つくられます。納豆菌は、自然界にある「あるもの」に多く生息しています。あるものとは、いったい何でしょう？

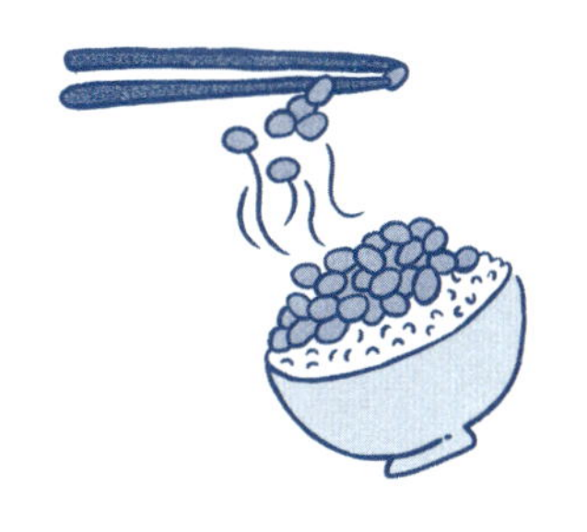

ヒント：これに包まれた納豆を、見たことがある人もいるはず…

←答えは次のページ！

わら（稲わら）

空気中には、ウイルスや細菌などといった、目に見えない小さな生きもの（微生物）が存在します。納豆を生みだす「納豆菌」も微生物の一種で、わら（稲わら）に多く生息しています。

蒸したダイズをわらに包み、一定以上の温度の場所に置いておくと、納豆菌のはたらきによりダイズの成分が分解されて、納豆ができます。これを「発酵」といいます。

ちなみに、食べものがくさることを「腐敗」といいますが、腐敗にも微生物がかかわっています（↓52ページ）。

◆微生物

細菌

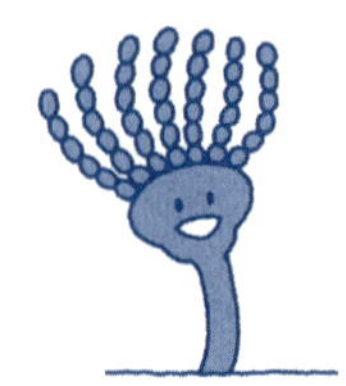

菌類（カビ）

ウイルス　など

微生物のはたらきが人間にとって…

・メリットになる場合
（例：食べものの味やにおいがよくなる、栄養素がふえる）

「発酵」

・デメリットになる場合
（例：有害な物質を生じる）

「腐敗」

★★★★　★★★★

ありがとう発酵食品

発酵によってつくられる食べものを「発酵食品」といいます。次のうち、発酵食品はどれでしょう？

みそ

ヨーグルト

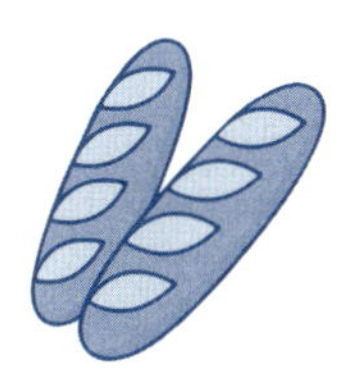

パン

しょうゆ

ナタデココ

ヒント：答えは…１つとはかぎらない！

←答えは次のページ！

全部

みそ・しょうゆは、主に「麹菌」というカビのはたらき（発酵）によってつくられます。麹菌はほかにも、つけもの、かつおぶし、みりん、米酢などの製造にも用いられます。

また、ヨーグルトは、「乳酸菌」という細菌の、パンは「酵母菌」（イースト菌）という細菌のはたらき（発酵）によってつくられます。

ナタデココは、「ナタ菌」という細菌のはたらき（発酵）により、ココナッツの汁が分解されることでできます。

ヨーグルトは7000年以上前にぐうぜん生まれた世界初の発酵食品っていわれているんだ
パンのにおいは「酵母菌」や「発酵によって生まれたアルコール」がもとになっているのよ

★★★★
クエスチョン
28
Question
★★★★

みそ汁ファンタジー

ミツハル君は「みそ汁が入ったなべ」をガスコンロであたためているとき、あやまってみそ汁をふきこぼしてしまいました。すると、みそ汁がかかった炎の色がかわりました。何色になったでしょう？

ヒント：みんなも、よく知っている色…

←答えは次のページ！

黄色

みそ汁がふきこぼれてガスコンロにかかると、コンロの炎が青色から黄色にかわります。これは、みそ汁の塩分にふくまれる「ナトリウム」が熱せられて、「炎色反応」という化学反応がおきたためです。

炎の色は、熱せられるもの（熱せられるものにふくまれる元素）によってかわります。たとえば、「銅」がふくまれる場合は青緑色に、「カルシウム」がふくまれる場合はだいだい色に、「リチウム」がふくまれる場合は赤色になります。

※火の玉（人魂）のしくみや、実際に炎色反応がおきるかどうかは、わかっていない。

圧力なべマジック

下の写真は「圧力なべ」という調理器具です。圧力なべはふつうのなべにくらべて、どんなメリットがあるでしょう？

①こげつきにくい
②食材に早く火が通る
③使うあぶらを減らせる

ヒント：煮こみ料理に使われる…

←答えは次のページ！

②食材に早く火が通る

通常、水は100℃でふっとうします。これは、水は100℃以上にならないということです。

しかし、圧力なべを使う（＝より高い圧力※をかける）と、水は100℃以上でふっとうするようになります。つまり、より高温で調理できるので、食材に早く火が通ったり、肉や魚の骨がやわらかくなったりします。

このことから、圧力なべは、長時間煮こむ必要のある「ぶたの角煮」「さばのみそ煮」「カレー」などに向いているといえます。

あれっ？ごはんがおいしくない
標高が高い場所では水は100℃以下でふっとうするからね
おいしく炊くには一定時間100℃の状態を保つ必要がある！

※圧力とは、単位面積（例：1平方メートル）あたりに垂直にはたらく力のこと。

ふきでる炭酸飲料

炭酸飲料の入ったかんや、ペットボトルのふたを開けたとき、中身が勢いよくふきでることがあります。実は、これと同じしくみでおこる自然現象があります。いったい何でしょう？

←答えは次のページ！

噴火

炭酸飲料は、高い圧力をかけて、炭酸ガス（二酸化炭素）を強制的に飲みものにとかしこんでつくります。

炭酸飲料がつめられた容器（かんやペットボトル）の中も圧力がかかっているので、通常、炭酸ガスは飲みものにとけこんだままです。

しかしふたを開けて、容器の中の圧力が下がると、とけきれなくなった炭酸ガスが、泡となって飲みものの外に出ようとします。これにより、泡（飲みもの）は飲み口からふきだします。

噴火も、これと同じしくみです。地下でつくられるマグマには、ガスがとけこんでいます。何らかの原因でマグマのまわりの圧力が下がると、ガスがふくらんで泡となり、マグマの外に出ようとします。これにより、泡（マグマ）が火口からふきだすというわけです。

★★★★

★★★★

サイフォン式○○

下の写真は、ある飲みものをつくるための「サイフォン」という器具です。ある飲みものとは、何でしょう？

使うときは、
上のふたははずす。

ヒント：ステージ２最後の問題、がんばって！

←答えは次のページ！

コーヒー

サイフォンは、コーヒーをいれるための器具です。

まず、「フラスコ」に水を入れ、アルコールランプで熱します。水がふっとうしたら、フィルターとコーヒーの粉を入れた「ろうと」を、フラスコに差しこみます…①。すると、フラスコ内でふくらんだ空気（水蒸気の圧力）により、お湯はおし出されるように、ろうとを上がってきます…②。

お湯とコーヒーの粉をかきまぜたら、アルコールランプをはずします。すると温度が下がり、フラスコ内の空気がちぢむ（圧力が下がる）ことで、ろうとからコーヒーが下りてきます…③。最後にろうとをはずし、コーヒーをカップに注げば完成です。

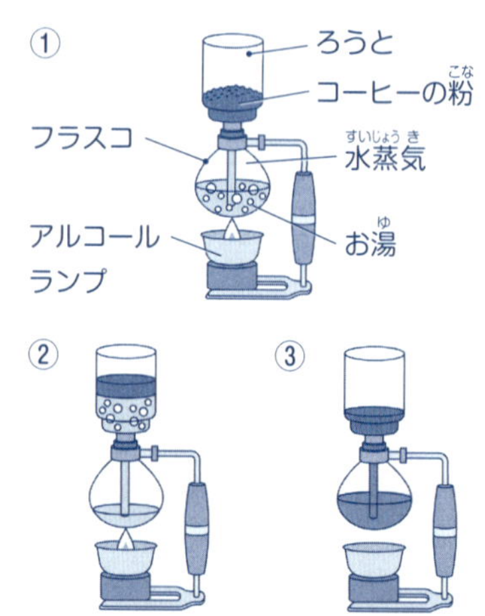

Column

コラム

カビから発見された薬

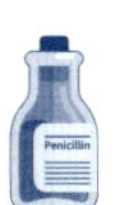

1928年、イギリスの微生物学者であるアレクサンダー・フレミングは、シャーレという器具で黄色ブドウ球菌を培養(育て、ふやすこと)していました。「黄色ブドウ球菌」とは、食中毒の原因となる細菌のひとつです。

ある日、フレミングは一部のシャーレに「アオカビ」が生えていることを発見しました。しかし、アオカビのまわりだけ、なぜか黄色ブドウ球菌が生えていません。

このことから、フレミングはアオカビが、黄色ブドウ球菌のぞうしょく(ふえること)をおさえる物質をつくっているにちがいないと考えました※。

フレミングはこの物質に「ペニシリン」という名前をつけて、1929年に発表しました。

のちに医薬品として使われるようになったペニシリンは、それまで手のほどこしようがなかった細菌感染症をちりょうできる〝きせきの薬〟として、多くの命を救いました。

フレミングはこの功績から、1945年にノーベル生理学・医学賞を受賞しました。また、ペニシリンは、20世紀で最もいだいな発見のひとつとされています。

※その後、ほかの細菌(ジフテリア菌など)のぞうしょくをおさえることも発見した。

栄養素のひみつ

「栄養素」ってよく耳にするけれど、いったい何者なんだろう？　体のなかで、どんな役に立っているんだろう？

★理系脳ぐんぐんメーター★

正解が６問以上…天才！

5～３問…ふつうの人

２問以下…がんばりましょうマン

★★★★  ★★★★

消化のよい食べもの

私たちはカゼをひくと、よく「消化のよいものを食べたほうがいい」と言われます。次のうち、消化のよいものはどれでしょう？

とうふ

からあげ

パイナップル

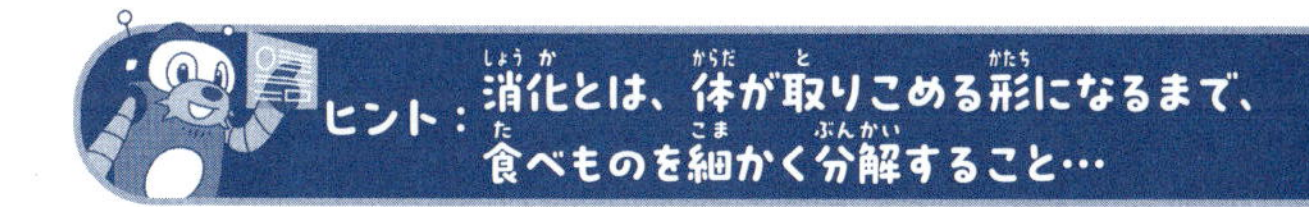

ヒント：消化とは、体が取りこめる形になるまで、
食べものを細かく分解すること…

←答えは次のページ！

とうふ

「消化のよいもの」とは、体内で消化（分解）にかかる時間が短い食べもののことです。たとえば、とうふ、おかゆ、やわらかく煮たうどん、リンゴやメロンなどのくだものをしぼった果汁です。

反対に、カレーライスやとんかつなどあぶらを多くふくむ料理や、ゴボウ、パイナップルなどは「消化の悪いもの」とされています。

私たちは食べものを消化し、食べものの栄養素を吸収することで、活動のためのエネルギーを得たり、体をつくったりしています。

★★★★

★★★★

体の中の水

人間の体をつくる成分のうち、最も多いのは「水分」(水)です。では、大人の男性の場合、水分は体重の約何％をしめているでしょう？

ヒント：分数であらわすと「５分の３」…

←答えは次のページ！

約60%

ビルなどの建物は、主にコンクリートや鉄でできています。では、人間は何でできているのでしょうか。

人間の体は、主に「水分」「タンパク質」「脂質」「ミネラル」という4つの成分からなります。なかでも、最も多いのは水分で、体重の約60%をしめます。

私たちが飲んだ水は、体内で血液などの体液になります。そして全身をめぐりながら、酸素や栄養素を運ぶ、老廃物（いらなくなったもの）を体の外に排出する、体温を一定に保つ、体のはたらきをよくする、などのはたらきをします。

◆人間（大人）の体をつくる主な成分

水分	約60%
タンパク質	約20%
脂質	約15%
ミネラル	約5%

ちなみにカエルは体重の約80%がクラゲは約95%が水分なんだ！

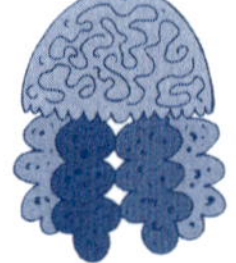

★★★★ ★★★★

エネルギーがほしい①

マナブ君は、今度の日曜日に家族で山登りに行きます。エネルギーをおぎなうために、食べものを持っていこうと考えていますが、次のうちどれが最もよいでしょう？

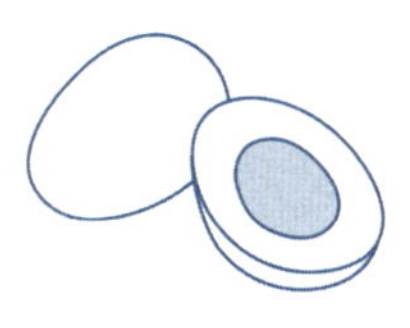

おにぎり　　トマト　　ゆで卵

ヒント：答えは1つ…

←答えは次のページ！

おにぎり

食べものには、さまざまな栄養素がふくまれています。栄養素は、炭水化物（糖質と食物せんい※）、タンパク質、脂質、ビタミン、ミネラルに大きく分けられ、それぞれことなる役割をになっています。

私たちが活動するための、エネルギーのもと・・になるのが「糖質」です。糖質を多くふくむ食べものには、おにぎり（ごはん）やパン、うどん、イモ、バナナ、砂糖などがあります。

トマトに多くふくまれるのはビタミン、ゆで卵に多くふくまれるのはタンパク質で、エネルギーのもと・・を十分にとれません。

※糖質と食物せんいを合わせて「炭水化物」とよぶ。

エネルギーがほしい②

下に並んでいるのは、糖質を多くふくむ食べものです。このうち、「体の中で最も早くエネルギーにかわるもの」はどれでしょう？

おにぎり

ラムネ菓子

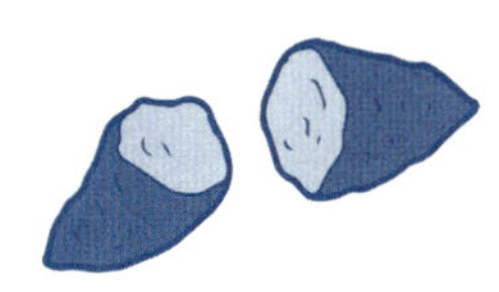
サツマイモ

ヒント：ハチミツも、早くエネルギーにかわる…

←答えは次のページ！

ラムネ菓子

糖質は、大きく3つのグループに分けられます。ラムネ菓子、ハチミツ、リンゴやブドウなどのくだものにふくまれる「単糖類」…①、水あめ、砂糖などの「少糖類」…②、おにぎりやイモなどにふくまれる「多糖類」です…③。

①は体の中ですぐに吸収され、最も早くエネルギーにかわります。これに対し②と③は、①よりつくりが複雑なので※、分解・吸収され、エネルギーになるまでに時間がかかります（＝スタミナ切れになりにくい）。

何 勉強サボってるの？
のっ…脳を動かすためにすぐにエネルギーになる単糖類をせっしゅしていたんだよ！
やだなぁ…

※②は単糖類が2～10個程度、③は多数の単糖類がつながったつくりをしている。

★★★★    ★★★★

ボディービルダーのアレ

ボディービルダーは、筋肉をつけるために「プロテイン剤」を飲むことがあります。プロテイン剤は、ある食べものを主な原料としてつくられています。いったい何でしょう？

◆大ヒント◆

- プロテイン剤の主原料は2種類ある。
- ひとつは「牛乳」。
- もうひとつは、きな粉と同じ原料。

ヒント：きな粉は、どこかに出てきたね！

←答えは次のページ！

ダイズ

肉や魚、卵などには「タンパク質」が多くふくまれています。タンパク質は、心臓や胃などといった「臓器」や、筋肉、皮膚、髪の毛など、体のほぼすべてのパーツの材料となる栄養素です※。

ボディービルダーが筋肉をつけるために飲む「プロテイン剤」は、タンパク質を多くふくむ、牛乳やダイズからつくられます（牛乳やダイズには、骨をつくる「カルシウム」も多くふくまれる）。

ちなみに、ダイズからは、みそ、しょうゆ、とうふ、納豆、油あげ、きな粉などもつくられます。

モ
リ
育ち盛りのみんなはプロテイン剤にたよらずに…肉や魚・卵・牛乳・豆製品からタンパク質をとるようにしよう！
きゃあ♡

※エネルギーのもととして、利用される場合もある。

★★★★　★★★★

ロシア料理のヒミツ

冬の寒さが厳しいロシアの人々は、料理に「ある調味料」をよく使います。いったい何でしょう？

伝統的なロシア料理の例

ヒント：みんなの家の冷蔵庫にもあるはず…

←答えは次のページ！

マヨネーズ

※サワークリームも、よく使われる。

ロシアは、世界で最もマヨネーズの消費量が多い国として知られています。

マヨネーズは卵、酢、植物油でできていますが（↓62ページ）、なかでも多くをしめるのが植物油です。

植物油には、「脂質」という栄養素が多くふくまれます。脂質もエネルギーのもとになりますが、同じ量でくらべた場合、脂質は糖質の倍以上のエネルギーをつくることができます。

体をあたためる熱は、エネルギーを使って生みだされます。つまり、脂質（マヨネーズ）をたくさん食べることで、ロシアの人々は冬の厳しい寒さを乗り切っているのです。

なお、脂質は、細胞膜やホルモン※の材料にもなっています。

※ホルモンとは、体のさまざまなはたらきを調節する化学物質のこと。

人はなぜ太る?

は〜〜〜…
どうした? ため息なんかついて
私のご主人さま(飼い主)友達から「太ってる」って言われたみたいで落ちこんでいるの…
私も悲しい
人間ってなんで太るんだろうね
食べものにはさまざまな栄養素がふくまれているだろ?
栄養素のうち糖質・タンパク質・脂質がエネルギーのもとになるんだけど
これらを必要以上にとると…
糖質
たんぱく質
ビタミン
脂質
ミネラル

※体重にしめる脂肪の割合のこと。人間で肥満とされるのは、男性では体脂肪率が25％以上、女性では30％以上の場合。

★★★★  

 ★★★★

ホウレンソウのゆで方

レイさんは、お母さんからホウレンソウのゆで方を教わりました。そのときメモをとったのですが、一部が消えて読めません。[　　] には、どんな言葉が入るでしょう？

◆メモの内容◆

ホウレンソウは、[　　] 前に [　　] ほうがいい。

◆せんたくし◆

切る　ゆでる　食べる　水につける

←答えは次のページ！

［切る］前に［ゆでる］ほうがいい。

※ゆで方のメモなので、［切る］前に［食べる］などは×。

ホウレンソウは「水溶性ビタミン」をふくみます。水溶性ビタミンとは、水にとけやすいビタミンのことで、「ビタミンC」や「ビタミンB群※」がこれにあたります。

ゆでる前にホウレンソウを切ると、ゆでている間に、切り口からビタミンCなどが流れでてしまいます。切り口をつくらない、つまりゆでたあとに切れば、これらが失われにくくなるというわけです。

ちなみに、ビタミンCは熱にも弱いため、ゆでる時間は1分ほどにしておきましょう。

※ビタミンB群とは、ビタミンB_1、B_2、B_6、B_{12}、ビオチン、パントテン酸、ナイアシン、葉酸のこと。

★★★★　★★★★

ニンジンの食べ方

ヤスシ君は、ニンジンを使った料理を、友達にふるまおうと考えました。すると友達が「ニンジンは煮るより○○ほうが、β-カロテンっていう栄養素が、しっかり吸収されるんだよ」と教えてくれました。

次のうち、○○に入る最も適切な言葉はどれでしょう？

①蒸した

②あぶら※でいためた

③生で、そのままかじった

※あぶらには、常温で液体のもの（サラダ油など）と、常温で固体のもの（ラードなど）がある。

←答えは次のページ！

②あぶらでいためた

「ビタミンA」「ビタミンD」「ビタミンE」「ビタミンK」は、水にとけにくく、あぶらにとけやすい性質をもっています。これらは「脂溶性ビタミン」とよばれます。

ニンジンに多くふくまれる「β-カロテン※」も、これらと同じ性質をもっています。「あぶらにとけやすい」とは、「あぶらと一緒にとると体に吸収されやすくなる」ということなので、煮たり蒸したり、生でそのままかじったりするよりも、あぶらでいためたほうがよいというわけです。

なお、煮たり蒸したりしたものを、ドレッシングやマヨネーズなど、あぶらをふくむものと一緒に食べても、体に吸収されやすくなります。

※β-カロテンは、体の中でビタミンAにかわる。

★★★★

クエスチョン
40
Question

★★★★

すごい大根おろし

焼き魚や天ぷらなどにそえる大根おろしには、料理の味を引き立てる以外に、ある「すごいはたらき」があります。それは、次のうちどれでしょう？

①よくねむれるようになる

②料理に虫がよってこない

③消化を助ける

ヒント：残さず食べようかな…

←答えは次のページ！

③消化を助ける

大根おろしには、さまざまな「消化酵素」がふくまれています。消化酵素とは、体の中で食べものを分解し、消化の手助けをする物質のことです。

たとえば、「アミラーゼ」という消化酵素は、食べものにふくまれるデンプン（糖質）を分解します。ちなみに、アミラーゼは「ジアスターゼ」ともよばれ、胃腸薬の主成分にもなっています。

「プロテアーゼ」はタンパク質を分解します。実際に、タンパク質をふくむ肉や魚を大根おろしにつけておくと、身の一部が分解されて、やわらかくなります。

また、「リパーゼ」は、あぶら（脂質）を分解します※。

ちなみに、これらの消化酵素は、加熱すると機能が失われてしまいます。

※プロテアーゼやリパーゼをふくむ薬もある。

★★★★  

 ★★★★

干されたカキ

ユウ君は、おばあちゃんの家に遊びに行ったとき、下の写真のような食べものをもらいました。

これは、カキを干してつくった「干し柿」です。“ふつうのカキ”もあるのに、なぜ、わざわざこのようなことをしているのでしょうか？

ヒント：あまいと思うのは、あまい考え！

←答えは次のページ！

しぶみをぬく

カキは、「甘柿」と「渋柿」の2つに大きく分けられます。甘柿は、私たちがお店でよく見かけるカキ（富有柿、次郎柿など）で、食べるとあまみを感じます。
一方、渋柿（愛宕柿、平核無柿など）は、しぶみが強く、そのままでは食べられません。
しぶみをぬく方法のひとつが、干すことです。干すことで、カキにふくまれるしぶみのもと（水溶性タンニン）が、しぶみを感じさせない状態（不溶性タンニン）に変化し、あまくなります※。

しぶみをぬくには
「ヘタに焼酎をつけて1週間ほど置く」
「おふろの湯に半日ひたす」
などの方法があるよ
飲むんじゃなくてヘタにつけるニャ！
うい〜
焼酎

※干すことで、β-カロテンなどのビタミンや、カリウムなどのミネラルも増す（ただし、ビタミンCは減る）。

★★★★　★★★★

ミネラルウォーターの味

リカさんのお母さんは、ヨーロッパの国のミネラルウォーターを買っています。

リカさんが「日本のミネラルウォーターと何がちがうの？」と聞いたら、「味がちがうのよ」と言われました。どんな味がするでしょう？

←答えは次のページ！

苦みやしぶみを感じる

山に降った雨や雪は、地面に染みこみ、やがて地下水になります。地下水には、土壌にふくまれるさまざまな「ミネラル」がとけこんでいます。ミネラルとは栄養素のひとつで、カルシウム、マグネシウム、ナトリウム、カリウムなどがあります。

このような水をくみ上げ、容器につめたのが「ミネラルウォーター」です※。場所がちがえば、当然、水にふくまれるミネラルの種類や量はことなります。これが、味のちがいを生みます。

ヨーロッパの国でとれるミネラルウォーターは、カルシウムとマグネシウムを多くふくんでいるものが多く、日本のそれよりも、苦みやしぶみが感じられます。

◆主なミネラル

ナトリウム・カリウム・カルシウム・マグネシウム・リン・塩素・硫黄、クロム・銅・フッ素・ヨウ素・鉄・マンガン・モリブデン・セレン・亜鉛

※地下水をもとにしていないミネラルウォーターもある。

体内の鉄

ミネラルのひとつである「鉄」は、人間（成人）の体内に、どれくらいの量があるでしょう？

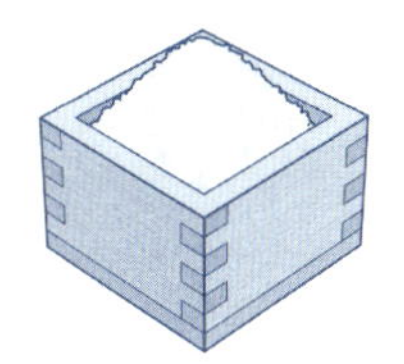

①約５グラム（100円玉１枚くらい）
②約20グラム（ビー玉１個くらい）
③約150グラム（米１合くらい）

ヒント：500円玉だと、４分の３枚くらい…

←答えは次のページ！

①約5グラム（100円玉1枚くらい）

ミネラルには、体内に比較的多くの量が存在するものと、わずかな量しか存在しないものとがあります。たとえば「リン」は、人間（成人）の体内に最大850グラムあります。これに対し「鉄」は、約5グラム（約3〜5グラム）ほどしかありません。

体内では、リンは主にカルシウムと結びついて、骨や歯をつくっています。鉄は主に、血液にふくまれる赤血球の中の「ヘモグロビン」の構成成分として、肺で受け取った酸素を全身に運んでいます。

野生のシカも鉄（鉄分）をとる※ために鉄道のレールをなめると考えられているらしいよ！
ペロ ペロ
※諸説あり。

○○のそうじ屋

栄養素のひとつである「食物せんい」は、体のある部分の調子をととのえてくれます。体のある部分とは、次のうちどれでしょう？

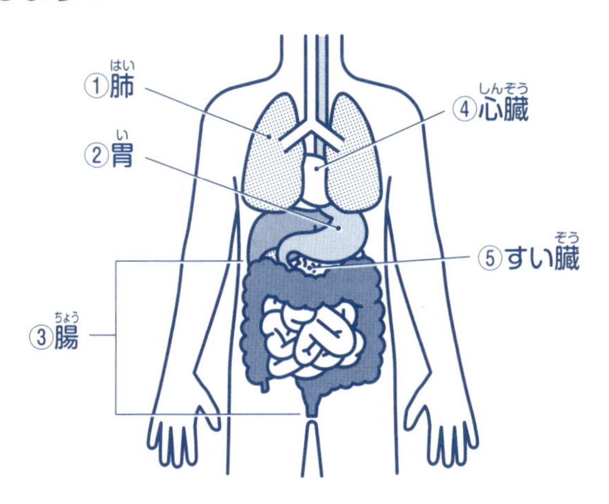

ヒント：栄養素と水分を吸収し、うんちをつくるところ…

←答えは次のページ！

③腸

腸は、小腸と大腸に大きく分けられます。私たちが食べたものは、胃などで細かく分解されたあと、「小腸」でさらに分解されて、栄養素や水分が吸収されます。そして、それらの残りかすが「大腸」でうんちとなります。

食物せんいは、ゴボウやイモなどの野菜、アボカドなどのくだもの、キノコ、海藻、ダイズなどの豆、そばなどの穀類に多くふくまれます。

食物せんいは腸の中で腸内細菌のエサとなり、善玉菌をふやします。「腸内細菌」とは腸にすむ細菌のことで、「善玉菌」は、それらのなかでも〝よいはたらき〟をするものです。

善玉菌がふえると腸の環境や調子がととのえられ、〝健康なうんち〟が出るようになります。このことから、食物せんいは「腸のそうじ屋」などとよばれます※。

※食物せんいのはたらきは、ここであげた以外にもある。

★★★★ 

 ★★★★

ビーガン

世の中には、「ビーガン」とよばれる人々がいます。ビーガンは、あるものしか口にしません。あるものとは、次のうちどれでしょう？

①肉や魚
②卵や乳製品
③野菜やくだもの、豆

ヒント：「ベジタリアン」とよばれる人々も、これらを中心とした食生活…

←答えは次のページ！

③野菜やくだもの、豆

動物福祉や、自然環境になるべく負荷をあたえずに生きたいなどといった考えから、肉や魚、卵、乳製品など動物に由来する食品は口にせず、野菜やくだもの、豆、それらの加工品を食べる人々（価値観）を「ビーガン」といいます。

ビーガンは、日本をふくむ世界中に存在します。ビーガン向けのスーパーや、レストランもあります。

ビーガンの食生活は、栄養が十分で、体に悪いえいきょうがあるとはみなされていませんが、エネルギーやビタミンB12の不足には、注意が必要とされています※（ビタミンB12は、レバーや魚介類に多くふくまれる）。

※子供の場合、成長に必要なすべての栄養素の不足に注意が必要とする声もある。

Column

コラム

昆虫は人類を救う？

地球の人口は、年々ふえつづけています。国際連合広報センターによれば、現在（2024年）は82億人ですが、2080年代なかばには、103億人に達すると考えられています。

この先、問題になるかもしれないのが「タンパク質の確保」です。タンパク質を多くふくむのは肉や魚などですが、生産量や漁獲量をふやすことは、簡単ではありません。そこで注目されているのが「昆虫食」です。

昆虫はタンパク質を多くふくむうえに、ウシやブタなどよりも簡単に育てられます（エサはより少なくてすむし、地球環境に大きなえいきょうをあたえる「メタンガス」も排出※しない）。

"昆虫を食べる"と聞くと、顔をしかめる人もいるかもしれません。しかし、世界ではアフリカや東南アジアを中心に、15～20億人が昆虫をふだんから食べています。日本でも地方によっては（とくに長野県）、イナゴやカイコ、ハチの幼虫などを食べる文化が残っています。

近年、昆虫の粉末を使ったお菓子やスナックが発売され話題になっていますが、これらがあたりまえになる日が、遠くない将来にやってくるかもしれません。

※ウシのげっぷには、メタンガスが多くふくまれる。

食べものと健康

私たちの体には、食べものから得た栄養素を利用する、さまざまなしくみが備わっているらしい…！

★理系脳ぐんぐんメーター★

正解が7問以上…天才！

5～6問…ふつうの人

4問以下…がんばりましょうマン

汗をたくさんかいたときは…

汗をたくさんかくと、着ていたＴシャツの一部分が白っぽくなることがあります。これは、汗にふくまれる「あるもの」のせいなのですが、次のうちどれでしょう？

①塩

②炭

③カルシウム

ヒント：白っぽく…

←答えは次のページ！

①塩

汗をたくさんかいたとき、着ていたTシャツが白くなったり、肌の表面に白いつぶがついたりした経験がある人もいるでしょう。

〝白いもの〟の正体は、主に塩です。体液には塩がふくまれていて、汗をかくとその一部が、水分とともに、体の外に流れでてしまいます。そのため、塩あめやスポーツドリンクなどで、塩（と水分）をおぎなう必要があります。

ただし、塩はとりすぎると体に悪いえいきょうをあたえるので、注意する必要があります。

部活でたくさん汗をかいたでしょ？塩をとってね♡
差し入れ！
だからって熱々のみそ汁は…

カゼをひいたらアレ

日本には、「カゼをひいたら、首に〇〇を巻くとよい」という言い伝えがあります。〇〇にはある野菜の名前が入るのですが、いったい何でしょう？

ヒント：緑と白の…

←答えは次のページ！

ネギ（長ネギ）

現代のように薬が簡単に手に入りにくかった時代、人々はカゼをひくと、首にネギを巻いて治したといいます。ネギにふくまれる成分が、のどのはれをしずめたり、鼻の粘膜をしげきして、鼻の通りをよくしたりするそうです。

このように、暮らしの知恵として伝わる、病気やケガのちりょう法を「民間りょうほう」といいます。ただし、その効果は科学的にしょうめいされていないことも多いので、体調が悪い場合はお医者さんに相談しましょう。

←これも民間りょうほうのひとつだが、効果がないとされている。

in漢方薬

私たちは、カゼをひいたときに「葛根湯」という薬（漢方薬）を飲むことがあります。漢方薬は、さまざまな原料※（植物や動物、鉱物）を組み合わせてつくられます。次のうち、葛根湯の主な原料はどれでしょう？

※「生薬」とよばれる。

①ミカンの皮

②牡蠣のから

③クズという植物の根

ヒント：薬の名前を、よーく見てみよう！

←答えは次のページ！

③クズという植物の根

葛根湯の主な原料は、かんそうさせた「クズ」という植物の根です（＝カッコン）。カッコンには、体をあたためる、痛みをおさえる、などのはたらきがあります。

葛根湯にはほかにも、シナマオウという植物の茎（マオウ）や、ナツメという植物の果実（タイソウ）、シナニッケイという木の皮（ケイヒ）などがふくまれます。

ちなみに、ミカンの皮（チンピ）や、牡蠣のから（ボレイ）が使われている漢方薬もあります。

葛餅はクズの根から取ったデンプンを使ってつくるんだよ！
葛餅
クズ
クズの根

これをかんそうさせたものが「カッコン」

船乗りの病気

15～17世紀の船乗りたちは、長期間の航海で、よく「壊血病」になっていました。壊血病の原因は「体内である栄養素が不足すること」なのですが、ある栄養素とは、いったい何でしょう？

ヒント：長期間の航海では、塩づけにしたり、干したりした食べものしか、口にすることができなかった…

←答えは次のページ！

ビタミンC

15～17世紀には、冷蔵庫はまだ発明されていませんでした。そのため、船乗りたちの主な食事は、常温で保存のきく「塩づけの肉」や「干した魚」などで、新鮮な野菜やくだものは、ほとんど口にすることができませんでした。

新鮮な野菜やくだもの（とくに柑橘類※）には、ビタミンCが多くふくまれています。これらをとらずに、体内でビタミンCが不足した状態が長くつづくと、私たちは壊血病になります。

壊血病になると、最初のうちはだるさを感じたり、歯ぐきから血が出たりします。そして、しょうじょうが悪化すると死に至ります。

壊血病は、現代では予防したり、ちりょうしたりすることができますが、当時は「不治の病」として、船乗りたちにおそれられていました。

※オレンジ、ミカン、レモン、グレープフルーツ、ダイダイ、カボスなど。

★★★★　★★★★

江戸わずらい

江戸時代、地方にすむ武士や大名が「江戸」を訪れると、「江戸わずらい」という病気にかかることがありました。江戸わずらいには、ある食べものが関係しています。その食べものとは、次のうちどれでしょう？

①白米

②タコのおさしみ

③キュウリの漬けもの

ヒント：地方より江戸で、よく食べられていた…

←答えは次のページ！

①白米

現代のように、多くの人々が「白米」を食べるようになったのは、江戸時代に入ってからです（長い間、身分の高い人だけが食べていた）。

それまでは、白米になる前の米、つまり胚芽やぬかが残る「玄米」が食べられていました。玄米は白米よりもかたく、よくかむ必要がありますが、ビタミンB1などの栄養素を豊富にふくんでいます。

白米食の習慣は、江戸からはじまり、しだいに地方に広がっていきました。つまり、ふだん玄米を食べていた地方の武士や大名が江戸を訪れ、白米中心の生活にかわると、知らず知らずのうちにビタミンB1不足になってしまうのです。これが「江戸わずらい」の原因です※。

江戸わずらいは、現代では「脚気」とよばれています。脚気になると、手足がしびれたり、心臓が正常にはたらかなくなったりします。

※参考：農林水産省のウェブサイト。当時はおかずの量も種類も少なく、ほかの食べものでおぎなうことも、むずかしかった。

★★★★  

 ★★★★

体によいヨーグルト

ヨーグルトには「体にとって、よいはたらきをする細菌」がふくまれます。その細菌とは、次のうちどれでしょう？

①大腸菌

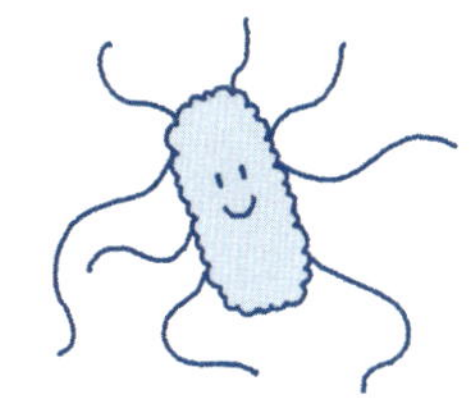

②乳酸菌

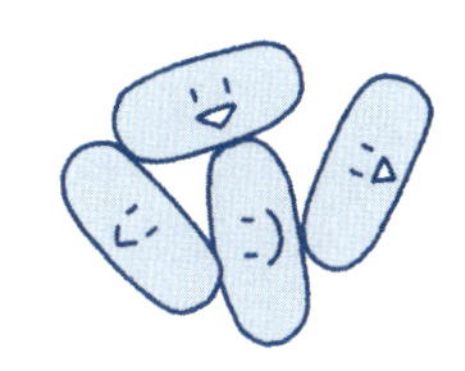

③ブドウ球菌

④ウェルシュ菌

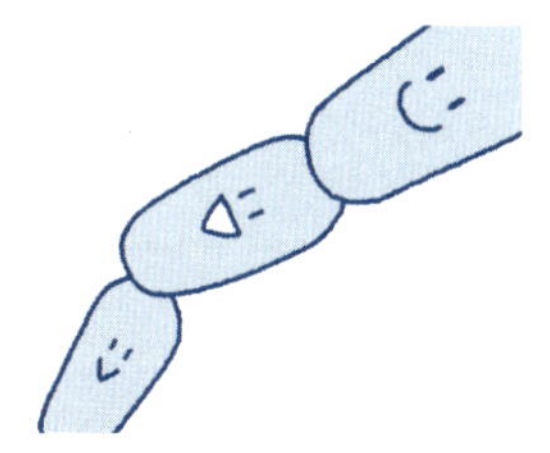

ヒント：ステージ2の後半に出てきたような…

←答えは次のページ！

②乳酸菌

発酵食品であるヨーグルトには、乳酸菌やビフィズス菌がふくまれます※。これらの細菌は腸の中で、〝体にとって悪いはたらきをする細菌〟がふえるのをおさえたり、大腸の動きを活発にして、うんちの出をよくしたりします。

このように、腸内で、体にとってよいはたらきをする細菌を「善玉菌」といいます（↓106ページ）。これに対し、腸内で、体にとって悪いはたらきをする細菌を「悪玉菌」といいます。悪玉菌には、大腸菌、ブドウ球菌、ウェルシュ菌などがいます。

腸内には、「日和見菌」もいます。日和見菌は、悪玉菌が多いと悪玉菌の味方になりますが、善玉菌が多いと善玉菌の味方になります。つまり、発酵食品を食べて善玉菌をふやすことが、腸のよい状態を保つためのひけつなのです。

※ビフィズス菌をふくまない商品もある。

ホワッツ・カロリー

カレーライスや、とんかつ定食、カルボナーラなどは、「カロリーの高い食べもの」とされています。"カロリー"とは、いったい何でしょう？

①栄養素の名前

②太りやすさの目安となる値

③エネルギーの量をあらわす単位

ヒント：食品のパッケージに示されているね！

←答えは次のページ！

③エネルギーの量をあらわす単位

私たちが生きていくにはエネルギーが必要で、そのみなもとは食べものです。

食べものにはさまざまな栄養素がふくまれていますが、たとえば「糖質」であれば、1グラムあたり4キロカロリー、「タンパク質」であれば、1グラムあたり4キロカロリー、「脂質」であれば、1グラムあたり9キロカロリーのエネルギーをつくりだします。

カロリーとは、エネルギーの量をあらわす単位です。食べものの場合、主に「キロカロリー（kcal）」が使われ、数字が大きい食べものほど、多くのエネルギーをつくりだします。

◆食べもの（1人分）のエネルギー量の例※

・カレーライス（約750キロカロリー）
・とんかつ定食（約900キロカロリー）
・カルボナーラ（約870キロカロリー）

※つけあわせや調味料、調理方法によって変化する。

危ないダイエット

おっ…ごきげんだね
何かいいことあったの？
私のご主人さま友達から「やせたね」って言われたんだって！
私も嬉しい
ご主人さまダイエットをがんばっていて
朝ごはんをぬいたりお昼も食べるお米を減らしたりしているんだよ
う〜ん…

たしかに食事の量を減らせばやせるけど
減らしすぎるとエネルギーのもとや必要な栄養素が不足して…
頭がはたらかなくなったり体の調子が悪くなったりしてしまうよ
えっ…
さらに骨がもろくなり筋肉も減って…
将来介護が必要な体になる可能性だってあるんだ
えぇーっ!!!

食事バランスガイド
(https://www.mhlw.go.jp/bunya/kenkou/eiyou-syokuji.html)

※1日に必要なエネルギーの量は、年齢や性別、体を動かす量によってことなる。

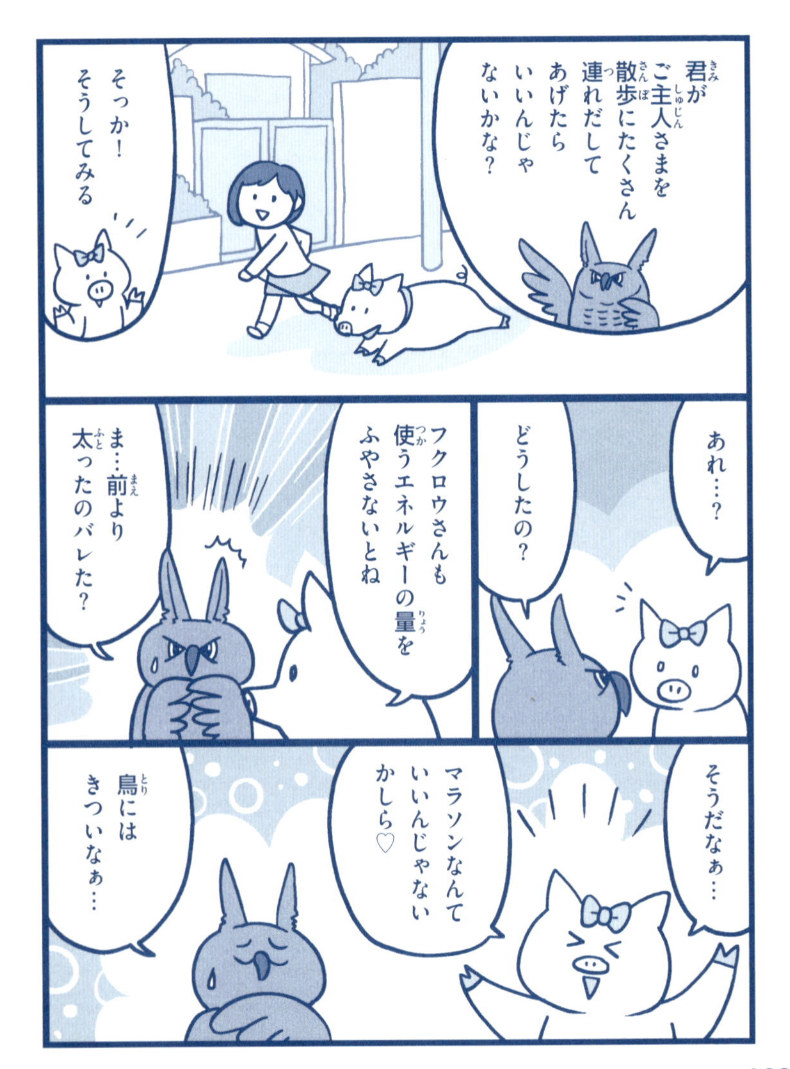
君がご主人さまを散歩にたくさん連れだしてあげたらいいんじゃないかな？
そっか！そうしてみる
あれ…？
どうしたの？
フクロウさんも使うエネルギーの量をふやさないとね
ま…前より太ったのバレた？
そうだなぁ…
マラソンなんていいんじゃないかしら♡
鳥にはきついなぁ…

5つの味

私たちが感じることのできる味は、①塩味、②甘味、③苦味、④酸味、うま味の5つです※。①～④のうち、私たちが最も感じやすいのは、どれでしょう？

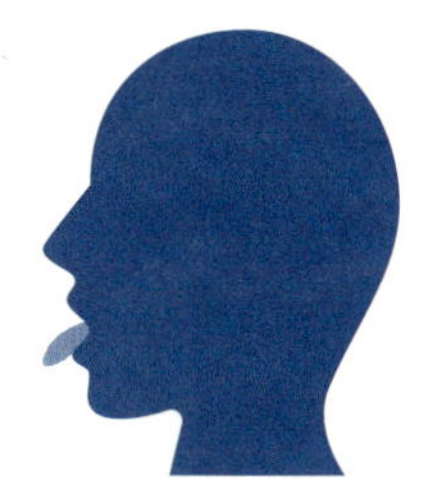

※甘味はあまい味、酸味はすっぱい味のこと。

ヒント：食べないほうがいい！

←答えは次のページ！

③苦味

私たちが最もびんかんなのは、「苦味」です。次は「酸味」で、そのあとに「甘味」もしくは「塩味」がつづきます※。ちなみに「うま味」とは、だしや肉などを食べたときに感じる味（グルタミン酸やイノシン酸など）のことです。

毒物は主に苦い味がします。また、食べものがくさると、すっぱい味がします。つまり、口に入れたものが「食べてよいものなのか否か」を一瞬で判別するために、舌は苦味や酸味にびんかんなのです。

※うま味の順番については、諸説あり。

味がかわる食べもの

食べもののなかには、冷たいときと、あたたかいときとで、味がかわったように感じられるものがあります。

たとえば「とけたアイスクリーム」の味は、「こおったアイスクリーム」にくらべ、どのように感じられるでしょう？

ヒント：とかして食べてみよう！

←答えは次のページ！

あまく感じられる

とけたアイスクリームは、こおったアイスクリームより、あまく感じられます。これは、舌の〝味を感知するはたらき〟が、低温もしくは高温のときにはにぶくなり、体温くらいの温度のときに最もよくはたらくためです。

つまり、とけたときに感じるあまさが、アイスクリームの本当の味というわけです。

ちなみに、アイスクリームには100グラムあたり約23グラム（角砂糖7個分ほど）の砂糖が入っています※。

飛行機に
乗ったときも
地上にいるときより
味覚がにぶくなるんだ
だから機内食は
味つけを工夫して
いるんだって！

※参考：文部科学省 食品成分データベース（https://fooddb.mext.go.jp）

カロリーゼロ

お店に、イラストのようなゼリーが売られています。下にある文章は、このゼリーについて書かれたものです。［　　］には、どんな言葉が入るでしょう？

［　　］を使っていないのに［　　］感じられる。

◆せんたくし◆

デンプン　砂糖　人工甘味料

あまく　冷たく　味がこく

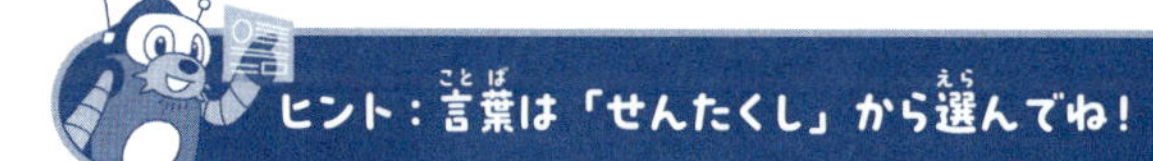

ヒント：言葉は「せんたくし」から選んでね！

←答えは次のページ！

[砂糖]を使っていないのに[あまく]感じられる。

私たちは、お店で「カロリーゼロ」などと書かれた、デザートや飲みものを見かけることがあります。これらは、砂糖を使っていないのに、食べるとあまく感じられます。いったい、なぜでしょう。

あまさの正体は「人工甘味料」です。化学合成によってつくられた人工甘味料は、砂糖の数百倍のあまさをもつため、使う量はわずかですみます。これにより、食べものの味を保ちながら、エネルギーの量を低くおさえられるというわけです※。

◆人工甘味料の例

・**アスパルテーム**
…砂糖の200倍のあまさをもつ。
1グラムあたり4キロカロリー。

・**アセルスファムカリウム**
…アスパルテームと同じあまさをもつ。エネルギーはゼロ。

・**スクラロース**
…あまさは砂糖の600倍で、
エネルギーはゼロ。砂糖を原料としている。

※食べもののエネルギーが5キロカロリー未満の場合、「カロリーゼロ」などと表示できる。

★★★★  

  ★★★★

食品添加物は何のため？

食べもののパッケージには、原材料をまとめた表が印刷されています。下は、ある「ハム」の例です。

名称	ロースハム（スライス）
原材料名	豚肉、食塩、調味料、酸化防止剤（ビタミンC）、発色剤（亜硝酸Na）
内容量	100 g
賞味期限	2025年○月○日
⋮	

ハムは、酸化防止剤（ビタミンC）や、発色剤（亜硝酸Na）がなくてもつくることができます。では、なぜこれらが、加えられているのでしょうか？

ヒント：これがないと、数日後に…

←答えは次のページ！

短期間で傷まないようにするため

酸化防止剤（ビタミンC）や、発色剤（亜硝酸Na）を「食品添加物」といいます。食品添加物は、さまざまな目的で使われます。

たとえば、ビタミンCは、ハムが傷む（酸素と結びついて品質が悪くなる）のをおさえるために使われます。亜硝酸Naは、ハムの色をよくするためや、くさるのを防ぐために加えられます。

これらがなくてもハムをつくることはできますが、より長い期間、安全に食べることができるのは、食品添加物のおかげです。

◆食品添加物の例

- **酸化防止剤**（ビタミンC、カテキンなど）
  …食べものの酸化（劣化）を防ぐ。
- **発色剤**（亜硝酸ナトリウム、硝酸カリウムなど）
  …食べものの色をよくする、食べものがくさるのを防ぐ。
- **着色料**（青1、クチナシ黄色素など）
  …食べものに色をつける。

2つの期限

ミナミさんは、お店で買ったサンドウイッチのパッケージに、日付が印刷されていることに気づきました。この日付は、ある期限を示したものです。次のうちどれでしょう？

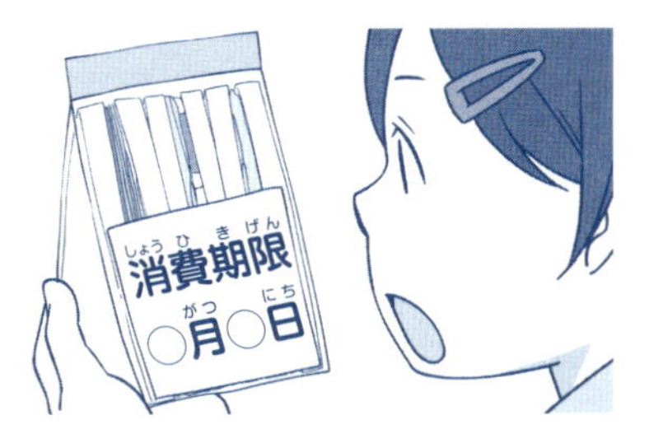

①安全に食べられる期限

②おいしく食べられる期限

③スーパーで、値引きシールがはられるまでの期限

ヒント：消費…

←答えは次のページ！

Question㊼の答え

①安全に食べられる期限

食べもののパッケージにはさまざまな〝日付〟が印刷されています。そのひとつが、消費期限と賞味期限です。

「消費期限」とは、安全に食べられる期限※のことです（＝示された日付まで品質がかわらない）。サンドウィッチやお弁当、肉や魚など、傷むスピードが速い食べものに表示されます。

これに対し「賞味期限」は、品質がかわらずにおいしく食べられる期限※のことで、カップめん、かんづめ、ペットボトル飲料など、傷むスピードがおそい食べものに表示されます。

消費期限は、過ぎたら食べないほうがよいですが、賞味期限は、過ぎたらすぐに食べられなくなるというわけではありません。

◆卵にはられた賞味期限のシール

※ふくろや容器を開けずに、決められた場所や温度を守って保存した場合。

クエスチョン
58
Question

カフェイン

コーヒーを飲むと、ねむけが覚めたり、集中力が上がったりします。次のうち、同じ効果が期待できる飲みものは、どれでしょう？

①麦茶

②緑茶

③エナジードリンク

ヒント：答えは１つではない…

←答えは次のページ！

②緑茶
③エナジードリンク

コーヒーや緑茶、エナジードリンクには、「カフェイン」という物質がふくまれています。カフェインをとると、私たちはねむけが覚めたり、集中力が上がったりします。

ただし、カフェインには注意すべき点もあります。まず、カフェインはねむけやつかれを一時的に感じさせないだけで、それらを消し去るものではありません。

そして、カフェインを定期的にとっていると、知らず知らずのうちにカフェインを摂取する量がふえていき、ついにはカフェインなしで生活できなくなることがあります。

このような状態を「カフェインいぞん」といいます。とくにエナジードリンクには、コーヒーや緑茶の数倍のカフェインが入っているものもあるので、気をつけましょう。

アレルギーの話

私たちの体には、ウイルスや細菌などから体を守るしくみが備わっています。このようなしくみは、何とよばれているでしょう？

①酸化

②発酵

③免疫（免疫システム）

←答えは次のページ！

③免疫（免疫システム）

私たちの体内にウイルスや細菌などの異物がしんにゅうすると、主に血液にふくまれる「白血球」が、これらをこうげきしたり食べたりすることで、排除しようとします。このようなしくみを「免疫」（免疫システム）といいます。

一方で、免疫システムは、私たちが口にした〝本来は体に害をあたえない食べもの〟に反応してしまうことがあります。これを「食物アレルギー」といいます。

原因となる食べものは人によってことなり、日本では「ニワトリの卵」「牛乳」「小麦」が多いとされています。

食物アレルギーをもつ人が原因となるものを食べると、じんましん、かゆみ、せきなどが出ます。場合によっては「アナフィラキシーショック※」をおこし、命に危険がおよぶこともあります。

※短時間のうちに、全身にアレルギーのしょうじょうが出る反応のこと。

イラスト・マンガ

アヤカワ	56
イケウチリリー	14, 16, 46, 58, 80, 94, 104, 132
加藤のりこ	8, 24, 28, 34, 50, 88, 114
小宮山サト	44, 84, 96, 108, 116, 130
関上絵美・晴香	(サーターアンダギー)12, 31, 59, (ナタデココ)67, 69, 76, 133
深蔵	33, 60, 70
まるみや	10, 26, 36, 66, 68, 100, 121, 134
水谷さるころ	19-22, 63-64, 91-92, 125-128
ヤマネアヤ	62, 72, 86, 112, 113, 137

イラスト・写真

7 あこ/stock.adobe.com
9 智子 和田/stock.adobe.com
11 Rebotsun/stock.adobe.com
12 Kinusara/stock.adobe.com
13 (せんべい)area1964/stock.adobe.com, (もち、おかき)sasazawa/stock.adobe.com
15 Caito/stock.adobe.com
17 やまぐちみつき/stock.adobe.com
18 ruiruito/PIXTA
23 (サーモン)MERCURY studio/stock.adobe.com, (ブリ・ハマチ)norikko/stock.adobe.com, (ヒラメ)kazoka303030/stock.adobe.com
24 YAMASAKI/stock.adobe.com
25 MAVELIQUE/stock.adobe.com
27 moonrise/stock.adobe.com
30 (冬キャベツ)cocona251/PhotoAC, (春キャベツ)ぱぱ〜ん/PIXTA
32 harako/stock.adobe.com
35 francescodemarco/stock.adobe.com
37 Alamy/アフロ
38 Turaev/stock.adobe.com
39 Mohammad/stock.adobe.com
40 AYANO/stock.adobe.com
41 jacartoon/stock.adobe.com
43 (メガネ)CreativeDesignStudio/stock.adobe.com, (水中メガネ)Olesya/stock.adobe.com, (ヘッドフォン)clelia-clelia/stock.adobe.com
45 VYCstore/stock.adobe.com
48 あんみつ姫/stock.adobe.com
49 おとうふ/stock.adobe.com
51 川崎市民団体Coaクラブ/stock.adobe.com
53 ケイーゴ・K/stock.adobe.com
54 世田谷区立郷土資料館
55 Delight/stock.adobe.com
57 篠原コーヘイ/stock.adobe.com
61 Popo123/stock.adobe.com
65 kuran./stock.adobe.com
67 (みそ、ヨーグルト、しょうゆ)aya/stock.adobe.com, (パン)Delight/stock.adobe.com
71 Gilles Paire/stock.adobe.com
73 gilar/stock.adobe.com
74 まるこ くり/stock.adobe.com
75 mild-T/PIXTA
77 shtiel/stock.adobe.com
79 (とうふ)mw/stock.adobe.com, (からあげ)Mihonoke./stock.adobe.com, (パイナップル)kernelpanic74/stock.adobe.com
81 Heena_Rajput/stock.adobe.com
82 (カエル)Tossan/stock.adobe.com, (クラゲ)Алена Малашкевич/stock.adobe.com
83 aya/stock.adobe.com
85 (おにぎり)Tossan/stock.adobe.com, (ラムネ)ねこ先生/stock.adobe.com, (サツマイモ)Ichizu/stock.adobe.com
89 june. /PIXTA
90 綱島光太郎/stock.adobe.com
98 紗彩 木村/stock.adobe.com
99 manbo-photo/stock.adobe.com
101 Rohn Media GmbH/stock.adobe.com
103 (100円玉)YUKI MURATA/stock.adobe.com, (ビー玉)moore moore/stock.adobe.com, (米)natsumi/stock.adobe.com
105 kogome/stock.adobe.com
106 Creativity/stock.adobe.com
109 AR54K4 19/stock.adobe.com
111 マメハル/stock.adobe.com
117 Abrams/stock.adobe.com
118 ksenyasavva/stock.adobe.com
119 Umi/stock.adobe.com
122 Miyuki Omori/stock.adobe.com
123 ゆきんこ/stock.adobe.com
124 hitomi miyahara/stock.adobe.com
129 Ainul/stock.adobe.com
131 Anna Ulifah/stock.adobe.com
136 Tsuki/stock.adobe.com
138 Tsuboya/stock.adobe.com
139 ケイーゴ・K/stock.adobe.com
140 mhatzapa/stock.adobe.com
141 matsu/stock.adobe.com
142 Tatyana/stock.adobe.com

［監修］
鈴木志保子／すずき・しほこ
公立大学法人神奈川県立保健福祉大学教授、公益社団法人日本栄養士会副会長、一般社団法人日本スポーツ栄養協会理事長。博士（医学）。管理栄養士。公認スポーツ栄養士。専門はスポーツ栄養学。著書に『理論と実践　スポーツ栄養学』など。

［スタッフ］
編集マネジメント　中村真哉
編集　上島俊秀
組版　髙橋智恵子
誌面デザイン　岩本陽一
カバーデザイン　宇都木スズムシ＋長谷川有香（ムシカゴグラフィクス）
キャラクターイラスト　まるみや
マンガ　水谷さるころ
イラスト　アヤカワ　イケウチリリー　加藤のりこ
小宮山ユウ　関上絵美・晴香　深蔵
まるみや　ヤマネアヤ

理系脳を育てる
科学クイズドリル
天才！食べもの大百科

2025年2月10日　発行
発行人　松田洋太郎
編集人　中村真哉
発行所　株式会社ニュートンプレス
〒112-0012　東京都文京区大塚3-11-6
https://www.newtonpress.co.jp
電話　03-5940-2451

ISBN 978-4-315-52890-9